生命里的大是大非

张薇◎著　余晓春◎绘

图书在版编目（C I P）数据

生命里的大是大非 / 张薇著 ; 余晓春绘 . -- 长春 : 吉林文史出版社, 2025. 7. -- ISBN 978-7-5752-1370-7

Ⅰ. B821-49

中国国家版本馆 CIP 数据核字第 2025PY7798 号

生命里的大是大非

SHENGMING LI DE DASHI-DAFEI

著　　者：张　薇
绘　　者：余晓春
责任编辑：高冰若
封面设计：吕宜昌
出版发行：吉林文史出版社
电　　话：0431-81629352
地　　址：长春市福祉大路 5788 号
邮　　编：130117
网　　址：www.jlws.com.cn
印　　刷：三河市同力彩印有限公司
开　　本：710mm × 1000mm　1/16
印　　张：8
字　　数：140 千
版　　次：2025 年 7 月第 1 版
印　　次：2025 年 7 月第 1 次印刷
书　　号：ISBN 978-7-5752-1370-7
定　　价：59.80 元

目录

CONTENTS

人与人之间的关系

家是生命的起点，亦是心灵的港湾。在纷繁的世界里，家人间的关爱如无声的溪流，滋养着我们的心田。然而，当矛盾与误解悄然浮现，我们是否能守住那份理解与包容？本章将带你走进人与人之间的关系，探讨如何以真诚化解隔阂，用尊重与爱意守护家庭永恒的温暖。

珍惜与家人的感情

名言

父子笃，兄弟睦，夫妇和，家之肥也。——《礼记·礼运》

果果最近放学不想回家，因为妈妈每晚都要盯着他写作业，还经常在一旁不停催促。最近，回到家后，果果便把自己关在房间里，直到吃饭时才肯出来。

妈妈察觉到果果的不对劲儿。因为以往在饭桌上，果果总有说不完的话，会分享学校里的趣事，现在却只是埋头吃饭，吃完就回房间。

这天，妈妈做了一大桌果果爱吃的饭菜。等到吃饭时，爸爸还在忙工作，所以妈妈把饭菜准备好后，并没有喊果果出来吃饭。但果果饿了，走出房间后发现妈妈做好饭没叫他，他有些生气。

他问妈妈："为什么做好饭不叫我？"

妈妈回答："爸爸在忙工作，我们等爸爸一起吃。"

"我饿了，我要先吃。"说完，果果自顾自地坐到饭桌前开始吃饭。

妈妈皱眉道：“**果果，吃饭应该一家人一起吃，自己先吃很不礼貌**。”

果果嘟囔着：“我饿了，为什么不能先吃？”

这时，爸爸忙完工作走出来，见母子俩在争论，便问果果怎么了。果果以为爸爸要责备自己，便生气地放下碗筷，回房间生闷气去了。

妈妈叹了口气，说了事情的原委，然后便想去哄果果，爸爸却阻止道：“让他冷静一下，该让他懂事了。”

过了半个小时，爸爸才走进果果房间，对他说：“果果，爸爸想跟你谈谈。”

在爸爸的引导下，果果说出了心里话：他觉得自己长大了，需要有独立的空间，希望爸爸妈妈不要再过度管束自己。

听了果果的话，爸爸说："爸爸很欣慰你愿意说出心中的想法，爸爸也接受你的建议，以后爸爸和妈妈会给你更多个人空间。"

最后，父子俩约定：一家人互相尊重，爸爸妈妈也会调整与果果的相处方式。

果果的心情这才好起来。他和爸爸一起走出房间，为自己刚才的行为向妈妈道歉。妈妈了解了果果的想法后，也表示以后会尊重果果的感受。

一家人化解了矛盾，感情也更亲近了。果果忽然明白，家人之间的理解和包容，才是维系亲情的关键。

父母的养育、家人的照顾，是我们成长中最有力的支持。所以，不要辜负家人对我们的好，要懂得"**家和万事兴，人和万事顺**"的道理。

家是我们的依靠，情绪低落时，我们可以向家人倾诉，遇到困难，我们可以寻求家人的帮助。与家人发生冲突时，我们要尽量保持冷静，通过理性沟通解决问题。有时候，适度的忍让和包容能让家庭关系更和谐。

情景在线

很多家庭成员之间很少会直接说出“我想你”“我爱你”这样的话来，但其实关爱都在细节里。若你遇到下面这种情况，你能发现家人的关爱吗？

莉莉喜欢躺着看书，妈妈每次见了都会忍不住提醒她坐好看书。可莉莉却不当回事，反而觉得妈妈唠叨又烦人。

有一回，妈妈生病住院，莉莉一个人在家，再也没人管自己怎么看书了。结果没两天，莉莉发现自己的眼睛看东西有些模糊，还很容易酸胀。

这时，莉莉才想起妈妈的话，原来有时候唠叨也是一种爱，那是妈妈对自己的关心。直到妈妈住院，莉莉才发现，没有妈妈的唠叨，自己好像突然缺少了点儿什么似的。等到妈妈回家，你们觉得莉莉会对妈妈说些什么呢？

友谊很珍贵

名言

君子之交淡若水，小人之交甘若醴。——《庄子·山木》

伊伊和糖糖是好朋友，两人经常一起上学、放学。但最近，糖糖迷上了玩游戏，对学习越来越敷衍。而伊伊则**一如既往**，每天坚持认真学习，睡前还会阅读半个小时。

这样一来，伊伊和糖糖原本相差不多的学习成绩，逐渐有了差距。

期中考试成绩下来后，伊伊每科成绩都是优，糖糖的成绩却由以前的优降到了良。看着伊伊被老师表扬，自己却被提醒要努力，糖糖有些不舒服。

放学时，伊伊像往常一样叫糖糖一起回家，可糖糖却赌气先走了。伊伊在后面喊她，糖糖却假装没听见。

伊伊有些难过，她把糖糖当作自己最好的朋友，可糖糖却突然生气，这让她难以接受。

第二天，糖糖依然不肯理伊伊。伊伊不再**自讨没趣**，两人的关系一下子变得很僵，即便面对面，谁都不肯先开口。

伊伊觉得自己没做错什么，既然糖糖先不理自己，她也不再主动找糖糖。糖糖觉得在伊伊面前丢了面子，担心伊伊会看不起自己，所以一直躲着伊伊。

有一天放学，天空下起了大雨。糖糖没有带伞，同桌问她一会儿怎么回家。糖糖**脱口而出**：“没事，伊伊带伞了，我跟她一起回去。”

同桌问：“你俩不是闹矛盾了吗？”

糖糖有些尴尬，她这才意识到自己已经好久没跟伊伊一起回家了。可在糖糖心里，伊伊仍然是她最好的朋友，遇到困难时还是第一时间想到伊伊。

放学了，雨依然没有停。

糖糖站在校门口张望，希望雨可以快点儿停。这时，伊伊走过来，对糖糖说："要不要一起走？我带伞了。"

听到伊伊的话，糖糖心里一暖，又感动又高兴。她其实早就想跟伊伊和好了，只是碍于面子，不肯先低头。

伊伊把伞举到糖糖面前，两个好朋友并肩往家走去，谁也没再提之前的不愉快。

这次和好后，糖糖明白了友谊的珍贵。之前跟伊伊"冷战"时，糖糖总觉得少了点儿什么，每天上学都没了以往的积极性，遇见开心的事也找不到人分享，难过的时候也没人倾诉。

原来，**真正的友谊就是这样。当我们遇到困难时，会有人伸出援手；当我们开心时，也有人愿意分享喜悦**。

希望大家都要珍惜身边的朋友，守护**难能可贵**的友谊。

感悟小贴士

不要轻易说出伤害朋友的话，也不要因一时情绪失控而迁怒他人。朋友之间应互相尊重、共同成长，珍惜彼此的深厚情谊。

情景在线

你知道吗？友谊有时也很脆弱，需要好好守护，你的一句不经意的话，可能会伤害到它。你是怎么处理和朋友之间的矛盾的？又是怎么守护你们的友谊的呢？

案例

朋朋约锐锐一起踢足球，两人说好周末上午十点在公园集合。到了约定的时间，朋朋按时到达现场，锐锐却迟迟没来。等了一个小时，朋朋打电话给锐锐，这才知道他竟然忘记了约定，还在家里睡觉。

朋朋很生气，觉得锐锐不仅不守时，还完全没有把约定放在心上，觉得锐锐不在乎这段友谊。于是，朋朋再也不找锐锐踢球了。

锐锐也有些委屈，因为他记得当时朋朋只是问有没有时间一起踢球，根本没问愿不愿意，就自顾自定了时间、地点。锐锐其实想拒绝，朋朋却头也不回地先走了。

你们觉得这件事是朋朋的错，还是锐锐的错呢？你们有办法让他们和好吗？

与异性相处的原则

名言

尊重他人，就是尊重自己。——乔治·华盛顿

班里组织班级活动，班主任让班长带领大家一起布置教室。午休时间，班长让两个男生一组，两个女生一组，大家分工合作。

这时，班里调皮的波波突然说：“不是应该男生和女生一组吗？”

班长解释道：“男生组可以负责搬桌子、打扫卫生，女生组负责装饰教室。”

“凭什么呀，女生干的都是轻松的活儿。”波波有些不满。

果果出来替班长打圆场：“哎呀，我们是男生，多干点儿是应该的。”

波波却说：“我妈妈说男女搭配，干活儿不累。”

“波波是想和小美一组！”有同学起哄道。

波波顿时涨红了脸。女生组的伊伊站出来说：“我们女生心细，能把教室装饰得很漂亮，你们男生可以吗？”

波波说：“我也可以啊，谁说男生就不行？”

没想到，越来越多的同学站出来争辩，部分同学认为男生就该干体力活儿，女生做细致的活儿，然而也有同学持不同意见，这场争论惊动了班主任。

班主任了解了事情的原委后，对同学们说：“你们的提议都很好，不过，为什么你们要以性别来划分男生和女生的分工呢？”

班长解释道：“是我安排的，因为平时班里女生有什么重活儿总找我们男生做，我就把打扫卫生的活安排给了男生。”

班主任点点头，说：“这个安排女生们有意见吗？”女生摇摇头，男生却不服气，认为女生同样可以打扫卫生。

班主任觉得有必要跟大家说说关于异性相处的一些事，于是说：“同学们，你们现在开始有性别意识是好事，但要懂得和异性相处的原则。”

同学们都很好奇，没想到和异性相处还有原则?

班主任继续说：“**我们与异性相处，首先要互相尊重，不要性别对立，轻易认为男生该怎样，女生该怎样，因为我们都是平等的**。”

大家认真听着，也在思考着。

“其次，喜欢异性是正常行为，但要礼貌地表达自己的好感，也可以学会拒绝对方的好意，当然也不能有性别偏见，正确看待与异性的相处。”班主任说完，发现同学们都听得**津津有味**。

班主任的话让大家重新认识如何与异性同学相处，并且也意识到做事不该带上性别偏见，应该让彼此发挥各自的长处。

其实，随着年龄的增长，与异性相处会产生许多不一样的情绪。我们一定要正确认识与异性相处的原则，尽量避免让自己陷入不必要的困扰里。

与异性相处遇到不明白的地方，可以多问父母和老师，向他们倾诉自己遇到的困惑。尤其是受到不平等对待，或身体和心理上受到伤害时，应该及时向父母说明情况。

情景在线

当你意识到性别之间的区别时，是否在心里也产生了不一样的情绪？其实，随着年龄的增长，到了青春期，我们的身体和心理都在变化，与异性相处时的感受也会变得不一样，或许从前单纯的友谊也会变得微妙。你是否了解与异性相处的原则？

童童是个热心助人的女生，在班里经常帮助他人。同桌小虎发现童童经常帮助班里的男生，就开起玩笑，说童童喜欢某个男同学。童童听了，又尴尬又愤怒，生气地对小虎说自己没有。小虎却说童童经常和男生打成一片，自己的判断没有错。其他同学也觉得童童经常和男生玩，确实容易让人误会。

童童伤心极了，觉得自己一片好心却换来误解，从此不再和班里的男生说话。大家觉得童童为什么会被误会？她该怎么做呢？

勤思考

思考，是点燃智慧的火焰，更是驱散迷雾的灯塔。从盲从到质疑，从困惑到明悟，每一次独立的思辨都是对真理的叩问。本章将引领你跳出惯性思维的藩篱，探索知识与实践的辩证关系，学会用批判的目光审视世界，以思考的力量点亮人生的方向。

要有独立思考的能力

名 言

人类全部的尊严就在于思想。——布莱兹·帕斯卡

课间，波波**神秘兮兮**地拿着一本书对果果说：“果果，我有一本号称可以预知未来的书，你想不想知道你未来什么样？”

果果看着波波手里的书，上面写着“答案之书”几个字，心里顿时生出好奇。

“好啊，你算算我长大会成为科学家吗？”果果来了兴致，对波波说。

波波神秘一笑，先是闭上眼嘴里念了几句什么，然后让果果随意打开一页，上面写着一行字——“梦里什么都有。”

“这是什么意思？”果果问。

“意思是你想成为科学家可能只是做梦。”波波解释道。

“啊？你这不准吧，像骗人的。”果果被浇了一盆冷水，心里很不开心。

波波却继续说：“我给好几个人算过了，他们都觉得很准。”

看到波波一脸信誓旦旦的模样，果果半信半疑。

波波又给果果测了几个别的问题，每一个答案都让果果很意外，却又忍不住相信。到最后，果果几乎相信了《答案之书》真的能预测未来。

晚饭时，爸爸和妈妈正在讨论工作上的事情。果果一边吃饭，一边听着他们的谈话，突然插嘴说：“爸爸，我可以帮你算算，这次工作能不能顺利。”

爸爸听果果这么说，笑着问果果：“你还有预知未来的能力呢？”

果果想到那本《答案之书》，自信地回答：“当然，而且挺准哦。”

“好啊，那你帮我算算，明天我去跟客户谈合作，能不能成？”爸爸配合地说。

果果拿出从波波那里借来的书，让爸爸翻开答案看。结果，上面写

着“一切皆有可能”。

“爸爸，我觉得希望很大。”果果思考了一下这句话的意思，对爸爸说。

“好，那爸爸先借你的吉言，不过，你怎么确定它的预言就一定准确呢？”爸爸问果果。

果果把波波测试自己未来梦想的事告诉爸爸，最后**沮丧**地补充道：“看来我以后可能当不了科学家了。”

“果果，你有没有想过，这本书也许没有预知未来的能力，它的答案也不一定准确？”

果果反驳道：“不会的，波波给好几个人都测试过，不可能都不准。”

“好，就算它是真的，那这是什么原理？你想过吗？”爸爸的话让果果陷入了沉思——他的确没想过原因，只是认为这本书确实很准，根本没有思考过其背后的原理。

“果果，**你要有独立思考的能力，不能别人说什么你就信，要学会辨别真假，培养自己的批判思维**。”爸爸认真地教导果果说。

经常思考能锻炼我们的逻辑思维能力、认知能力、问题解决能力。古人说：“**学而不思则罔**。”正是强调思考的重要性。

独立思考是个人重要的能力之一，比如，好朋友说，不写作业被老师发现后，可以假装自己生病免得受罚。这时，我们就应该思考这个行为的对错，不要盲目听从朋友的话。

情景在线

当你遇到问题时，是先自己思考还是询问别人的意见？如果养成听从别人意见而不肯自己思考的习惯，可能会形成一种惰性思维。你应该有独立思考的能力，学习上需要，生活中也需要。

奶奶买了一口新锅，对家里人说这口锅有养生功效，做的饭菜人吃了能治病。

果果听了有些好奇，问妈妈这口锅真的这么神奇吗？妈妈笑着说："这都是商家的宣传噱头，奶奶年纪大了，容易相信这些。"果果半信半疑，毕竟奶奶说得信誓旦旦，难免有些好奇。于是果果到同学们面前炫耀家里有口养生锅，却被同学质疑在吹牛，因为果果说不出养生锅的原理。果果只好垂头丧气地回家了。

大家觉得果果为什么会被同学质疑？他应该怎么做呢？

知识增长智慧，劳动提升实践

名言

纸上得来终觉浅，绝知此事要躬行。——陆游

周末，果果坐在沙发上一边吃零食，一边看电视。妈妈准备给家里做一次大扫除，就对果果说：“果果，你负责把自己的房间收拾一下，脏衣服拿出来放洗衣机里。”

果果听到妈妈的吩咐，嘴上应着，眼睛却没有移开电视机。过了一会儿，妈妈收拾完阳台，发现果果还坐着不动，又提醒果果说：“赶紧收拾，时间不早了。”

果果这才不情不愿地关掉电视，去房间收拾。没一会儿，果果就对妈妈说自己收拾完了。妈妈到果果房间一看，有些**哭笑不得**。

原来，果果虽然“收拾”了房间，却是把这边的垃圾放到另一边，脏衣服和干净衣服混在一起，书、本子和试卷堆在一起。

看到这一幕，妈妈只好叫果果过来重新收拾。果果很不情愿，嘀咕着：“我又不会收拾，为什么要我自己收拾？”

妈妈说：“这是你自己的房间，你有责任让它保持干净整洁。”

“可别人都是妈妈帮忙的，你也帮我收拾呗。”果果不满地说。

“妈妈可以帮你，但那是在你没有能力自己做的时候。现在你已经长大了，有些事可以自己做，妈妈也不可能什么都帮你。”妈妈耐心地对果果说。

果果被妈妈监督着收拾完房间，已经累得不想动了。

妈妈却并没准备让果果休息，对他说：“果果，你的脏衣服洗好了，去晾一下吧。”

果果瘫在沙发上，一动不动地说：“妈妈，我好累，你帮我晾吧。”

“我还要收拾厨房，你如果觉得累，可以休息一会儿再去晾。”妈妈给出了建议。

但果果一点儿也不想动，想让妈妈帮自己做，他又说：“我一会儿还要学习，妈妈你不是经常说我要多把心思放在学习上吗？这些事你就帮我做吧。”

妈妈一听，意识到果果想逃避劳动，于是耐心地对果果说：“果果，**学习知识固然重要，但劳动也很重要。**”

果果不解地问：“可老师不也说，只有学习好，以后才会有出息吗？”

“学习可以让你增长学识，但学识只是理论，还要靠劳动来实践，否则就可能只会**纸上谈兵**。”妈妈说。

“难道光学习好还不行？”果果疑惑起来。

“你可以想想看，你学会怎么把饭菜做得好吃，却不动手做，能吃到美味可口的饭菜吗？学习也是一样的道理，成绩好代表你付出了努力，但知识光在脑子里不用，也是不行的。”妈妈举例说道，让果果明白靠劳动如何帮助实践知识。

果果听完妈妈的话，乖乖地去把衣服晾了。

不要小看生活中的劳动，它让我们更好地把学到的知识进行实践，增长技能。**学以致用**，说的正是这个道理。

感悟小贴士

光有知识而不实践，可能永远不能把知识转化成有用的东西。当我们学到一个新的东西时，唯有将理论之光照进实践土壤，知识才能真正生根发芽。

情景在线

理论和实践缺一不可，大多数学识都要经过反复验证才能得出结果。同样，如果我们只顾学习而不劳动，可能会变成空有一身理论而连自理能力都没有的人。

案例

兮兮喜欢吃饺子，每次妈妈包饺子她都会在旁边看，却从不动手帮忙。

有一次，妈妈出差不在家，兮兮想吃饺子，就对爸爸说能不能晚上包饺子吃。爸爸一脸为难，说自己做的饺子可能没有妈妈做的好吃。兮兮却拍着胸脯说："没事，妈妈包饺子的方法我早就学会了。"于是，兮兮开始在旁边指导爸爸，等饺子做出来时，爸爸惊喜地发现兮兮竟然真的知道怎么做。后来有一次，爸爸也没空给兮兮做饺子，就对兮兮说："既然你都学会了，不如自己做吧。"但兮兮却面露难色地说："我只知道妈妈怎么做的，但我自己并不知道怎么做啊。"

你们觉得兮兮能自己做出饺子来吗？为什么呢？

生命没有返程票

名言

人应当诗意地栖居在大地上。——海德格尔

清明节到了，果果跟着爸爸妈妈去祭拜逝去的亲人。回来的路上，果果看着妈妈通红的眼睛问：“妈妈，我们以后都会死吗？”

妈妈点点头说：“对，每个人都会经历生命终结的过程。”

果果听了，感到有些害怕：“我也会死吗？我能不能不死啊？”

“果果，**人年纪大了身体都会慢慢衰老，这是自然规律，不用害怕**。”爸爸开导道。

“可是……我不想死，也不想爸爸妈妈死。”果果无法接受自己和爸爸妈妈终将消失的事实。

“没事的，果果，我们离年老还有很长时间，与其担心未来的事，不如多做点儿眼前有意义的事。”妈妈安慰果果道，同时告诉果果要珍惜时间，不要**虚度光阴**。

爸爸妈妈都知道，这是果果第一次直面生命的课题，一时间不能接受是正常的。但他们也希望果果明白，生命没有返程票，所以应该在有限的生命里做更多有意义的事。

“有意义的事？”果果歪着脑袋认真想。

“对，比如**今天能做的事情，我们就不要拖到明天，因为明天还有明天的安排**。”爸爸举例说。

“哦，那是不是我想看动画片，就应该今天看完？”果果眼前一亮，机灵地说。

爸爸妈妈有些哭笑不得——果果还真是会**活学活用**。

“当然可以，只要是你今天安排的事情，都应该今天完成。”爸爸并没有反驳果果，接着说，“不过，看电视前你应该先想想更重要的事有没有完成，比如作业写完了吗？书读到计划的那一页没有？”

果果心里只想着看电视、玩游戏，完全忘了其他任务。

妈妈也提醒果果说：“每个人的生命都只有一次，所以要好好爱惜身体，少吃垃圾食品，早睡早起，多运动……”

这些都是果果的坏习惯：爱吃零食、熬夜、不爱运动。妈妈的话让果果有些羞愧，他却**强词夺理**：“可是生命这么短暂，难道不该好好享受，做自己想做的事吗？”

“果果，享受人生的前提是有足够的底气和能力。”爸爸说，“**如果只贪图享乐却不付出，可能体会不到真正的快乐**。”

“我明白了，人生要有计划，每一天都不能虚度。”果果总结道。

爸爸妈妈听了，都欣慰地笑了。

生命是一张单程票，每一步选择都需慎重，我们无法重来，唯有珍惜当下，过好每一天。

生命只有一次，不如给自己设置一个时间账本，记录每天的时间投资去向，理解时间的稀缺性，学会珍惜生命。

情景在线

你知道“生命的单程票”意味着什么吗？你是否想过如何才能减少人生的弯路，做自己人生的掌控者？

莉莉垂头丧气地回到家，妈妈得知她落选足球队——这是她一直以来的梦想。妈妈安慰道：“没关系，下次继续努力就好。”莉莉却沉浸在失败中，心情难过，听不进去妈妈的鼓励。

后来学校又举办校园歌唱比赛，妈妈知道莉莉喜欢唱歌，就鼓励她去报名。莉莉却认定自己会像上次一样落选，不肯报名。最终，所有报名的同学都被选上了，莉莉后悔却也来不及了。如果重来一次，你觉得莉莉会去报名吗？如果是你，会如何说服莉莉？

自律陪伴一生

自律，是时间沙漏中的一粒粒金沙，沉淀出生命的秩序与价值。它并非束缚自由的枷锁，而是通往理想的阶梯。如何在诱惑与惰性中坚守本心？如何将碎片化的光阴凝聚成璀璨的星河？本章将揭示自律的真谛，助你以规划与坚持，书写不负光阴的人生答卷。

利用好每一天的时间

名言

自律就是自由。——西奥多·罗斯福

最近，老师发现，班里部分同学经常完不成作业，即便被留下来补写，也没能改掉不按时完成作业的习惯。

这天，果果也忘了写作业，老师非常生气，不仅让没交作业的同学补上，还要通知家长。

果果被老师的严厉吓到——他从未见过老师这样生气。

第二天，果果交作业时老师并没有检查，而是对他说："老师希望你能按时完成作业，别再拖延了。"

果果解释道："老师，我那天只是忘了。"

"作为学生，学习是你的主业，如果连布置的作业都能忘，说明你没有把学习放在心上。"老师的语气变得严肃。

"老师我错了，以后再也不会忘记写作业了。"果果赶紧保证。

"好了，赶紧回教室吧，别耽误了上课。"老师挥挥手让果果回教室去了。

课堂上，老师又布置了几道课后作业，要求大家放学前完成。

果果不敢懈怠，赶紧埋头写起来。

波波过来找果果玩，见果果在写作业，波波说：“时间还早呢，午休时再写吧！”

果果摇摇头，说：“我怕午休时间不够用。”

波波见果果不肯去玩，便想去找别人。

“波波，你也别玩了，万一等会儿老师还有别的作业呢？”果果提醒道。

“没事，我很快就写完了。”波波说完就跑到教室外面玩去了。

果果很快就把课后作业写完了。到了午休时间，老师突然发下试卷让大家改错。

果果庆幸自己提前完成了课后作业，但有些还没写课后作业的同学此时开始着急了。他们既要完成老师布置的作业，又要改错，心里不免有些发慌。

时间过得很快，转眼就到放学的时间了。最后一节课前，课代表说放学前要收老师布置的课后作业。

结果，许多同学都**唉声叹气**，急急忙忙地赶起作业来。此时，果果则**不慌不忙**地拿出作业交给课代表。直到放学，果果还看到有不少同学在埋头补作业。

果果在心里感叹：合理规划时间真重要！

每个人一天的时间都相同：**有人利用它来读一本书，会看到一个新的世界**；**有人利用它来培养兴趣，可以掌握一个新技能**。所以，我们都应该好好利用时间，充实自我。

感悟小贴士

合理利用好每一天的时间，需要先学会管理好时间，尽量避免中途停下正在进行的任务。例如学钢琴，若因为枯燥就放弃，可能永远无法演奏出动听的乐章。

情景在线

我们每一天的时间都十分宝贵，所以我们应将大多数时间花在我们的主业之上。作为学生，我们的主要任务是学习，如果将大量精力放在其他事上，而导致学业荒废，那就得不偿失了。

可可将来想当明星，他羡慕荧幕上的光鲜生活。小小年纪的她不再花心思在学习上，而是将所有精力投入穿衣打扮，言行举止与同龄孩子相差很大。

老师对可可说她现在还小，还是要好好学习才能实现梦想。可可不听，她认为明星只要长得好看就够了，其他的都不重要。到了期末，可可的成绩下滑得很厉害。而她却并没有像自己预想的那样成为“童星”。你们觉得可可这样做对吗？她应该怎么改正呢？

人要懂礼有礼

名言

不学礼，无以立。——《论语·季氏》

家里来了两位小客人——两个小弟弟，果果作为哥哥要招待他们。果果原本以为照顾两个小孩子很容易，却没想到孩子淘气的时候，他完全招架不住。

不过，果果发现两个孩子虽然很淘气，有一个却很懂礼貌，他

虽然会到处看，却从不动手破坏，哪怕再好奇也会先征得果果同意。

“果果，带弟弟们出来吃饭了。”妈妈的声音响起，果果也松了口气。

正当他打开门要出去时，两个小孩子中的一个已经**迫不及待**地跑到了餐桌前，另一个则不慌不忙地把自己手里的书放回书架，又收拾了地上的玩具，这才跟着果果出门。

“你真棒，这么小就会自己收拾了。”果果看到小弟弟这么乖，忍不住夸了句。

“谢谢哥哥。”得到夸奖，他礼貌地说了声谢谢。

果果发现自己很喜欢这个小弟弟，他不仅有礼貌，还很懂事。果果准备带他上餐桌去吃饭，他却摇着头说：“等一下，我还没洗手呢。”

说着，他就走到洗手间，踮起脚尖开始自己洗手。

尽管水池比较高，他却全程没让果果帮忙。

而另一边，早早坐在餐桌前准备吃饭的小弟弟，已经等不及开吃了。桌上的饭菜被他弄得到处都是，他妈妈看见了，不好意思地说：“真是抱歉，这孩子在家被我们惯坏了，没规矩。”

果果却忍不住脸红起来。

他想起自己小时候也是这样，经常肚子饿了就大喊大叫，根本不管别人。每次吃饭前，妈妈让他先洗手，他都很敷衍，有时嫌麻烦，还谎称自己洗过手了。

想到这儿，果果觉得羞愧极了，自己竟还不如一个四五岁的小朋友懂礼仪。

送走客人后，果果主动帮妈妈收拾起餐桌。妈妈好奇地问：“果果，今天怎么这么懂事，主动帮忙做事？”

果果不好意思地说：“妈妈，我长大了，本就应该帮忙做家务的。”

妈妈欣慰地笑了。

“妈妈，以后我会努力改正身上的毛病，做个有礼节的人。”果果继续说。

妈妈看出来果果是被今天来的两个小客人影响到了，于是对他说：“妈妈相信你可以做到，也希望你不要只是一时兴起，要养成良好的礼仪习惯。”

果果点头答应，心里也暗下决心要改变自己。因为他不希望自己以后被别人觉得是个没教养的孩子。

礼是礼貌，也是礼节。**人的一生要接触许多社交场合，如果不能养成良好的礼仪素养，不懂礼，不讲礼，就很难被人尊敬**。

想要得到别人的尊敬和喜爱，就需要做个有礼仪修养的人。礼是相互的，我们对别人有礼，别人往往也会以礼回应，形成良性互动。

情景在线

礼仪是我国传统文化的重要组成部分，知礼懂礼，是我们从小要学习的东西，也是影响我们一生的良好习惯。你可以观察身边的人，看看谁有礼仪素养，多向他学习。

莉莉是独生女，家里有爷爷奶奶照顾她，姥姥姥爷也很宠她。每当她犯了错被妈妈批评时，她就会跑到爷爷奶奶身边求助。久而久之，莉莉养成了骄纵的性格，越来越任性，一旦要求没被满足就会发脾气。

有一次，家人带莉莉出去吃饭，原本说好吃中餐，莉莉却一定要吃牛排。妈妈告诉莉莉，明天可以再带她来吃。结果莉莉不依不饶，哭闹着就要吃牛排。正当爷爷奶奶想妥协时，妈妈却严厉地对莉莉说："莉莉，如果你继续哭闹，我会让你到一边哭完再来吃饭。"莉莉只好乖乖听话。

你们觉得莉莉有哪些礼仪问题？她该怎么做呢？

做好财商培养

名言

金钱不是目的，而是工具——它像水，能载舟也能覆舟，关键看你如何驾驭。——《穷爸爸富爸爸》

波波喜欢收集各种盲盒，但盲盒价格不便宜，有的甚至售价一百元。但盲盒里面的东西是有可能重复的，这就会导致花了钱却买回同样的东西。

当波波再次提出要买盲盒时，妈妈提醒他说："你已经有不少一样的了，不能再买了。"

波波听了，很不高兴，因为他最想要的那个还没有买到。于是他央求妈妈道："妈妈，再给我买一个吧。"

妈妈仍然拒绝了，说："盲盒一个要几十块，太贵了，不值得。"

发现妈妈不愿意给自己买，波波感到非常失落。妈妈没注意波波的情绪变化，继续去忙了。

等妈妈忙完让波波收拾书包时，波波语气很不好地说："我不想收拾。"

妈妈正想说什么，这时，爸爸回家了。他看见波波脸色不太好，就问他发生了什么事。波波把想要买盲盒但妈妈不同意的事告诉了爸爸。

爸爸也知道波波买了很多盲盒，于是对波波说：“波波，你有没有算过花在盲盒上的钱有多少呢？”

波波摇摇头。每次都是妈妈给钱，他自然不清楚。

“这样吧，你把你的盲盒整理一下，我帮你计算一下。”爸爸说。

波波拿出盲盒，摆在了桌子上。

爸爸拿出计算器，开始帮波波计算。

等计算完，波波发现自己竟然花了快三千元钱。妈妈走过来看到后也有些意外，没想到花了这么多。

“波波，我们不应该再继续花钱买盲盒了，这真的太多了。”妈妈说。

波波对钱没有概念，并不认为这很多，他依旧坚持：“我就要买。”

“买可以，但不能再让爸爸妈妈付钱了。”爸爸说，“爸爸每周给你五元零用钱，这五元你可以存起来买盲盒，也可以买其他东西。不过，花完了就不能再跟爸爸妈妈要了，到了该发零用钱的时候爸爸会再给你。”

波波想了想，不知道该不该答应。

妈妈问波波："波波，你不想要零花钱吗？"

波波摇摇头说："我想要，可我不知道要买什么。"

"也**可以暂时不买东西，存起来，等需要的时候再买**。"爸爸提醒波波。爸爸知道这是第一次给波波零用钱，他不会支配也是正常的。

"好吧。"波波点头同意，"是不是以后我想买盲盒也可以？"

"当然。"妈妈说，"你想买什么都可以。"

"太好了！"波波高兴起来，"以后我可以买很多盲盒了。"

爸爸和妈妈相视一笑，因为这是培养波波财商的第一步。后面他就会知道，想要买盲盒可不是那么容易的。

不过这些都不重要，只有现在做好财商培养，未来波波才能合理规划生活，让理财成为生活的得力助手！

我们应该从小学会自己赚钱、存钱，明白每一分钱都来之不易；更应该早点懂规划，才能早早实现自己的小梦想！

情景在线

钱是生活中必不可少的存在，我们要了解金钱的来源，并学会管理。培养财商能让你在金钱上拥有更多主动权，在未来具备应对风险的能力。

朵朵每年都会收到很多压岁钱，妈妈会帮朵朵存进银行卡里，作为教育基金，等到她十八岁再交给她自己管理。可是朵朵最近想花钱，妈妈不同意，她就想到用自己的压岁钱。于是朵朵跟妈妈商量，想先支配自己的压岁钱。妈妈觉得朵朵要花钱的数目不小，有些担心。但朵朵把自己花钱的计划告诉妈妈，并保证每笔支出都会提前沟通，如果妈妈觉得不合理可以干预。

就这样，朵朵最终获得了自由支配压岁钱的权利。你们觉得朵朵能管理好自己的压岁钱吗？

集体生活里的守则

一滴水汇入大海，方能永不干涸；一粒沙融入沙漠，才能彰显力量。集体的力量源于规则与协作，而个人的光芒亦在团队中愈发闪耀。本章将带你领悟：何为规则中的自由？何为责任中的荣耀？唯有携手同行、共守准则，方能在集体的土壤中绽放最美的成长之花。

集体规则要遵守

名言

不以规矩，不能成方圆。——《孟子·离娄章句上》

“果果！你的彩铅又画到课桌缝里了！”学习委员朵朵举着橡皮擦，看着桌面上歪歪扭扭的“果果大作”直跺脚。这是开学第三周，果果已经因为上课折纸飞机被没收三次，在操场乱扔果皮被值日生抓住两次，可他总把头一甩：”艺术家的灵感可不会乖乖排队！”

周三下午的班会课有些特别。班主任刘老师推着盖着蓝丝绒的推车走进教室。“同学们，这是学校为每个班级准备的‘魔法课桌’，当集体荣誉值达到100分时，就能解锁它的神奇功能……”

果果的耳朵立刻竖了起来。他看见推车上摆着张普普通通的木头课桌，桌面布满细密的划痕，像是被无数小刀刻过。刘老师掀开丝绒，全班突然响起此起彼伏的惊呼——课桌上方竟悬浮着半透明的数字“0”，像颗摇摇欲坠的水晶球。

“从今天开始，”刘老师的声音温柔却坚定，“每遵守一条班规加1分，违反则扣5分。当数字变成金色时……”她故意停顿，看着孩子们眼里的星星亮起来，“课桌会带我们穿越到任何想学的历史场景哦！”

果果想起，昨天他才在数学课偷偷给同桌小胖画过漫画像，要是被扣分……突然，朵朵清脆的声音响起：“老师，果果今天没把早餐包装纸扔进垃圾桶！”全班四十双眼睛齐刷刷转过来，果果感觉脸烫得能煎鸡蛋。

“扣除5分。”水晶球瞬间暗了一度。果果盯着自己课桌上新添的“禁止乱涂乱画”标语，第一次觉得那些歪歪扭扭的粉笔字像条小皮鞭。

转机发生在科技节前夕。当果果的小组抽到“生态瓶制作”任务时，他兴奋极了。可当大家围着水箱讨论时，果果已经伸手去捞实验池的荧光水母。

“住手！”科学课代表大川像弹簧般跳起来，“校规第三条：未经允许不能触碰实验生物！”果果吐吐舌头，缩回手，却趁午休时偷偷溜回实验室。他踮着脚尖够到培养皿，那些随着水流舒展触须的小水母，简直像会发光的果冻！

“果果！你在干什么！”朵朵的声音惊得果果手一抖，培养皿摔得粉碎。闻声赶来的刘老师看着满地粘液，轻轻叹了口气：“扣除10分，并且……”他指着水箱里蔫头耷脑的海草，“这些水母本来要移植到生态瓶里的。”

果果盯着自己鞋尖上沾着的蓝色荧光，突然想起科技节海报上那行大字：“用规则守护每个生命的精彩。”那天放学，他独自留在实验室，用备用培养液重新培育水母。当第一缕触须在月光下舒展时，水晶球突然亮起微光。

科技节当天。当果果捧着生态瓶上台时，水晶球发出了一声脆响。悬浮的“85”开始急速旋转，折射出细碎的金芒。“其实这个魔法课桌……”刘老师说，“从来都没有穿越功能。但二十年来，每个让它亮起金光的班级都学会了最重要的事——”

“是什么呀？”台下响起此起彼伏的童声。

“是看见集体中每个‘我’的位置。”老师抚过桌面细密的刻痕，“**就像风筝需要线，列车需要轨道，当我们学会在规则里自由飞翔，心里自会亮起不灭的星光**。”

果果摸着胸前新得的”生态小卫士”奖章，突然明白那些曾经让他不耐烦的“不许”“不能”，都是编织集体彩虹的丝线。当全班同学的手叠在生态瓶上时，他看见玻璃倒影里，四十张笑脸正拼成完整的圆。

感悟小贴士

遵守集体规则能维护共同秩序，每个人各尽其责才能让集体和谐运转。在集体中成长，既要约束自我，也要学会与他人协作共进。

情景在线

我们虽然是独立的个体，有自由的权利，但因为生活在集体中，需要与他人协作，所以需要遵守集体的规则，也就是自由需要有边界感。那么你知道该怎么把握这种边界感吗?

课间操时间，各班级的同学都排队站好，琳琳所在的队伍有个同学却东张西望，一会儿戳前面同学的背，一会儿推推身边的同学。这个同学的行为引起了大家的不满，队伍躁动起来。巡视的老师注意到，直接在本子上扣了琳琳班的分。

班主任得知后，十分生气，问究竟是谁在捣乱？同学们你看看我，我看看你，谁都不敢说话。这时，琳琳站起来指着捣乱的同学向老师说明当时的情况。事后，被老师批评的同学却怪琳琳多管闲事。你们觉得琳琳的做法对吗？如果是你，你会怎么做呢?

善良要带点儿锋芒

名言

以直报怨，以德报德。——《论语·宪问篇》

美术课上，老师让同学们拿出美术工具开始做手工。糖糖忘了带工具，着急地向身边的同学求助。同桌刚好多带了一份，但她嘴上却说：“是不是你妈妈没给你买啊，怎么经常都忘记带？”

糖糖解释道：“不是，我妈妈买了，是我忘带了。”

“上次你也这么说的，难道每次都要找我们借吗？”同桌并不相信，继续说。

糖糖被误会，脸涨得通红，委屈得快要哭了。

“不是这样的，我不是故意不带的。”糖糖见同学们都朝自己看过来，带着哭腔解释。

老师也注意到她们，走过来问情况。糖糖急忙向老师说明原因，并强调自己真的不是故意不带美术工具。

“没关系，老师这里有，你可以过来领一份，下次记得带上就行。”老师温柔地说，化解了糖糖的尴尬。

糖糖拿到了材料，很快完成了作业。老师看到糖糖的作品，表扬道："糖糖的作品很有创意，同学们可以参考她的设计思路。"

被老师表扬的糖糖有些不好意思，谦虚地低下头。同桌这时却说："也没有多好啊，老师真偏心。"

同桌的话落进糖糖耳朵里，显得格外刺耳。她想争辩，又怕别人说自己计较，只能悄悄红了眼眶。

同桌见糖糖不反驳，更加**理直气壮**，觉得自己说的没错。

回到家后，糖糖还是**闷闷不乐**。她有些想不明白，明明今天被老师表扬了，为什么反而高兴不起来？

妈妈见糖糖这样，问她怎么了。糖糖说："妈妈，我感觉大家都不喜欢我。"

"怎么会？"妈妈立刻安慰道，"你平时待人温和有礼，从没主动和人争吵过，别人怎么会不喜欢你呢？"

妈妈的话让糖糖心情好了一点儿，她说："可是，我同桌好像很不喜欢我。"她把今天美术课上的事情告诉妈妈。

"糖糖，**下次遇到这种情况，你可以直接表达感受**。"妈妈告诉糖糖，同桌的行为属于言语攻击，没必要默默承受。

第二天，糖糖刚到教室，同桌就凑过来说："今天穿新裙子啊，但你皮肤黑，不适合这个颜色。"

糖糖想起妈妈的话，严肃地对同桌说："我喜欢就好，不用你觉得合不合适，以后也请你不要再对我**指手画脚**。”

说完，糖糖继续整理书包，不再理会同桌。

因为声音较大，引来了同学们的围观。同桌丢了面子，灰溜溜地坐回座位，不敢再挑衅糖糖。

这件事让糖糖明白，她**可以对人善良，但也要有锋芒**。

善良需要有原则，不能无底线容忍。当他人对自己做出不好的行为时，我们也不需要无条件包容对方。

情景在线

人这一生要经历很多事，善良有时会让我们收获温暖，有时也会带来麻烦。你如何看待善良需要锋芒呢？

锐锐买了个新足球，放学时他约好朋友宇宇一起去踢球。两人一直玩到很晚才回家，临别时，宇宇说："明天我要去找朋友玩，把足球借我用一下吧。"锐锐拒绝道："这是我的新足球，暂时不想外借。"宇宇不高兴了，说："真小气，不借算了，以后你也别叫我一起踢球了。"锐锐没有继续争执，回到家后把足球清洗干净收了起来。

第二天，班里传出锐锐小气不肯借足球的事。锐锐找到宇宇说："宇宇，希望你就谣言向我道歉。"宇宇不以为意地说："难道我说的不是事实吗？"锐锐冷静回应的一句话就让宇宇脸红起来。你们觉得锐锐会说什么？他们俩谁做得对？

懂得感恩

名 言

当你开始感恩你所拥有的，你会发现你拥有的更多。

——奥普拉·温弗瑞

教室里，两个同学正吵得**不可开交**。一个同学说：“这是我的笔记本，你凭什么不还我？”

另一个同学说：“说好的借我用，周五前归还，现在还不到时间你就要回去，我都还没看。”

围观的同学也议论纷纷，班长连忙劝架："好了，你们别吵了，再吵我去叫老师了。"听了班长的话，吵架的同学声音小了些。可两人仍然不肯松开手上的笔记本。这时班主任走进教室，让人先松手，再说明情况。

原来，其中一个同学上周生病了，另一个同学好心把笔记本借给他用，没想到，自己想用的时候对方却不归还。

"说好的周五还你，还不到时间。"借笔记本的同学说。

"可现在我要用，你就应该还给我了。"笔记本主人委屈道。

"好了，老师了解情况了。"班主任阻止两人继续吵下去，问借笔记本的同学，"笔记本你用完了吗？"

"我……我还没开始用。"借笔记本的同学**支支吾吾**道。

"我借给你一周了，你都没开始用，现在我要用，为什么不还我？"出借笔记本的同学生气道。

"我想着时间还早，晚两天再看不也可以吗？"借笔记本的同学辩解道。

果果站出来说："她主动借你笔记本，你应该感恩。人家现在要用，你就应该还给她，强占着笔记本就是你不对。"

"对啊，本来就是人家的笔记本，你霸占着做什么？"其他同学附和道。

"她不讲诚信，约定时间还没到！"借笔记本的同学不服气地说。

“我说的是临时拿回来用一下，用完你想借我再借给你，是你不同意我才要收回来的。”出借笔记本的同学也感到委屈。

眼看两人又要吵起来了，老师提议：“既然你们俩都觉得自己有理，不如这样，我们让同学们投票，帮你们决定看究竟谁对谁错吧。”

两人点点头，都同意了。

经过投票，绝大多数同学认为应该归还笔记本。借笔记本的同学这下再也说不出什么来，只好把笔记本还了回去。

老师总结道：“**互相帮助本是好事，但接受帮助时要懂得感恩，而不是觉得理所当然，也应适当回报对方**。”

最终，借笔记本的同学向出借笔记本的同学说了“谢谢”和“对不起”，两人又和好如初了。

这件事告诉我们，**“懂感恩、讲诚信”，是做人的基本守则**。懂感恩，既要铭记他人付出，也要用行动回馈。

感恩是心与心的双向奔赴，常念他人点滴好，多行温暖回馈事，让善意在传递中生生不息。

情景在线

人这一生，难免有需要帮助的时候，感恩是在为自己积累更多人脉，只有懂感恩的人才会赢得他人的尊敬，让他人愿意再次给予帮助。

最近，然然学习感到吃力，老师讲的题经常要花很多时间才能理解。因成绩不理想，她很少和班里同学主动交流。同桌莉莉是个热心肠，不忍看到然然每天闷闷不乐的样子，便主动辅导她数学，经常陪她做作业。一段时间后，然然的成绩有所进步，老师在班上表扬了然然。

可当同学们都夸然然时，她并没有告诉大家真相——是莉莉的帮助才让自己进步的，反而觉得是自己努力得来的。莉莉没有得到然然的感谢，加上然然有了新同伴，便不再辅导她。下一次考试，然然的成绩又回到以前的水平。她想再找莉莉帮忙，可莉莉却说自己也很忙，让然然找别人帮忙。你们觉得莉莉做得对吗？然然有哪里做得不好呢？

认识自己的情绪

情绪是灵魂的画笔，勾勒出生命的斑斓。欢笑与泪水、勇气与恐惧，交织成成长的经纬。当欲望如野火蔓延，当焦虑如潮水翻涌，你是否能倾听内心的声音，驯服情绪的波澜？本章将带你走进情绪的迷宫，探索如何以智慧与勇气直面恐惧、平衡欲望，在自我对话中寻获内心的澄明与力量。

永远保持乐观心态

名　言

乐观是一种信仰，指向光明与可能。

——海伦·凯勒

妈妈发现糖糖最近脾气有点儿急躁，动不动就哭鼻子。

前几天家里来了客人，妈妈让糖糖帮忙洗水果。糖糖不小心把水果摔到地上，盘子也摔碎了，她一边收拾一边哭泣："我真笨，连个盘子都拿不稳，还摔碎了。"

看见糖糖自责，妈妈并没有责怪她，反而安慰说："没关系，我们拿个新的盘子装水果就行。"

虽然妈妈这样说，糖糖却还是不停地埋怨自己。

还有一次，糖糖的英语考试得了80分。她回到家就大哭一场，边哭边改错题。

妈妈以为是老师批评了糖糖，结果一问才得知，糖糖是看到大多数同学都考得很好，所以心里很失落。

糖糖看着试卷上的错题，问妈妈："我是不是很笨？这么简单的题都会做错。"

妈妈开导糖糖："糖糖，你对自己要求太高了，适当放松点儿。"

糖糖却摇着头说："不行，同学们都那么优秀，如果我再不努力，他们会嘲笑我的。"

"别担心，你的成绩好不好跟别人没关系，即使有人议论也不必在意，妈妈希望你不要什么事都往坏里想。"妈妈说。

"可是，我以后考不上大学怎么办？"糖糖还是很担忧。

"乐观一点儿，糖糖，现在担心这个太早了。"妈妈轻声劝道。

"不行，我不能放松，放松会退步的。"糖糖听不进去妈妈的劝慰，埋头继续学习。

为了改变糖糖这种悲观的心理，妈妈决定带她去爬山。

山路很陡峭，糖糖从没有爬过这样的山。她刚走一会儿，就开始喊累，不想继续。

"糖糖，山里有高耸的树木，还有松果，你不想看看吗？"妈妈想激励她。

"可是我太累了，肯定爬不上去。"糖糖对自己没信心。

"别说丧气话，妈妈刚看到一个四五岁的小男孩在前面走，你可比他大，不能输给他，对不对？"说着，妈妈伸手去拉糖糖。

糖糖勉强坚持着往前走。

山路崎岖，**盘根错节**的树根成了人们攀爬的扶梯。终于，糖糖和妈妈到达了山顶。

糖糖心情大好，妈妈鼓励她大声喊出心里的话。

糖糖犹豫了一下，朝山下喊：“我很厉害，我一点儿也不差！”

“你一直都很厉害，糖糖，**保持乐观，大多数问题都能解决，再大的困难也会过去**。”妈妈拍着糖糖肩膀说。

糖糖看着山脚的风景，内心豁然开朗，仿佛战胜了所有的难题， 眼中亮起了自信的光。

保持积极乐观的心态，是克服困难的最要因素。希望你也能像糖糖一样，心怀阳光，积极乐观。

乐观的情绪可以指引人积极向上，遇到难题不低头，天天开心笑容多。乐观的孩子有力量，心向阳光勇往前！。

情景在线

人有不同情绪反应，生活中遇到不如意时，有人喜欢乐观面对，有人会感到焦虑担忧。面对困难时，你会有怎样的情绪呢？

课堂上，老师突击单元测试。试卷发下来时，有人一脸担忧，有人从容提笔。老师像没听到大家的抱怨声，在教室里巡视观察大家的答题状态。

锐锐也没有复习，但他并没有像有些同学一样抱怨，而是先认真读题后，优先把自己会的题先写上答案，然后再思考不会的题。锐锐心态乐观，并不认为这一次考差了会影响什么，反而可以检验自己平时学习的效果，从而发现学习上的盲点。

由于锐锐因专注答题未受干扰，结果等试卷发下来时，他的成绩比预期的还高了不少。同学们都很惊讶：为什么同样没有复习，锐锐却表现突出？你认为锐锐能得高分的核心原因是什么？说说你的看法吧。

学会控制欲望

名言

祸莫大于不知足，咎莫大于欲得。故知足之足，常足矣。

——《道德经》

最近，班里不少同学都喜欢上刷短视频，经常在家里偷偷玩家长的手机，还学到不少网络用语。果果没有玩手机的习惯，同学们说的网络流行语他也听不明白。

但很快，果果也跟着学会了，经常把一些“老六”“不讲武

德”等词汇挂在嘴边，甚至还学会了说脏话。

这天，果果在家帮妈妈做事，结果不小心**脱口而出**一句脏话。妈妈惊讶地看着果果，果果也意识到自己说错话，连忙辩解：“我没有说脏话，我说的是what（什么）。”

妈妈没有拆穿果果的谎言，但提醒果果说：“果果，说脏话是不礼貌的行为哦。”

“嗯嗯。”果果连连点头，捂着嘴说，“我知道。”

尽管果果明白不能说脏话，但在学校里经常听到同学说各种脏话，**耳濡目染**之下，也会顺嘴说出来。

渐渐地，果果在家也经常控制不住自己。

写作业时不小心写错了字，他脱口就说脏话。妈妈想再次提醒果果，爸爸却阻止妈妈，摇头说：“先别急，孩子正是模仿期，或许过几天就忘了。”

但果果并没有改掉，反而**变本加厉**，尤其是发现爸爸妈妈并没有阻止自己时，甚至在他们面前也说脏话。

爸爸决定和果果好好聊聊：“果果，学校里是不是有很多同学说脏话？”

果果点头，打开话匣子：“是啊，他们还会讨论网上的东西，有很多我都不知道。爸爸，我也想看短视频。”

爸爸有些担忧：“你怎么看待他们这种行为？”

果果想了想说："我觉得挺有意思，网上有很多好玩的东西。"

"网上的内容有好有坏，你能分辨清楚吗？"

"可大家都在看，我为什么不可以看呢？"果果说。

"别人都玩手机，但不代表这种行为是值得学习的，这会影响学习和健康。"爸爸耐心地给果果分析道，"爸爸妈妈不让你玩，是怕你还不能很好地控制自己的欲望，容易沉迷。"

"我可以控制的。"果果底气不足地反驳，心里都明白自己很容易沉迷。

"爸爸相信你，但人的欲望是无止境的。就像现在你想玩手机，正是欲望在驱使。"爸爸说。

"控制欲望这么难吗？"

"**你需要强大的自控力，学会自我约束，才不会被欲望驱使**。"果果听爸爸说完，认真地进行思考，似乎在做某种决定。

欲望并不都是坏事，比如，我们想追求学习上的进步，这种求知欲可以让自己取得好成绩。但欲望会不断滋生，满足欲望后会产生短暂愉悦，如玩手机时产生的愉悦感，愉悦感消失后，新一轮欲望又会出现，形成循环。

情景在线

当人有了欲望时，就像心里有小火苗在跳动，一直持续到欲望得到满足。你认为怎样可以管理自己的欲望呢？不妨和身边的朋友探讨一下。

童童每次逛街都会缠着妈妈买这个买那个，尤其是看到漂亮的裙子时，更是走不动道。即使妈妈说下次再买也不行。

有一回，童童因为贪吃，一口气吃了两个冰激凌，肚子痛得不行。妈妈连忙把童童送到医院，医生说童童是急性胃肠炎，叮嘱以后不能过度吃东西了。童童嘴上答应，却并没有做到。每当看到自己喜欢的东西，如果不能拥有，就像有什么没完成的事一样。你们觉得童童应该如何正确管理自己的欲望？

害怕是正常的，但要培养应对的勇气

名言

勇气是智慧和一定程度教养的必然结果。

——列夫·托尔斯泰

伊伊很怕黑，每天晚上睡觉都要开着灯，等睡着后妈妈再帮她关掉。这天，伊伊和几个同学一起逛街，看见广告牌上写着“密室逃脱”。

有一个同学来了兴致说：“不如我们去玩一下吧！”

其他同学们也感到兴奋，只有伊伊心里害怕，担忧地问：“里面是不是很黑，我们会不会出不来？”

“怎么会？就算出不来，工作人员也会给我们开门的。”糖糖说。

“可是……”伊伊还是不想去，但她又不敢说实话，害怕同学们觉得自己胆小。

就这样，一行人来到密室逃脱门店。可老板一看都是学生，便问他们有没有大人陪同，如果没有大人陪同是不能自己进去玩的。

大家一听，只好**败兴而归**。

伊伊心里却松了口气，她本就不想去玩，更担心在玩的过程中表现出害怕，会被大家看不起。

本以为大家会就此放弃，结果有一个同学不死心地说：“下周我表姐回来，让她带我们去吧。”

除了伊伊，其他人都高兴地说“好”。

回到家，伊伊一脸沮丧。其实伊伊心里也想去，可她克服不了内心的恐惧，一想到里面又黑又窄，还是密闭的空间，她就害怕得不行。

伊伊想要克服害怕的心理，便向妈妈求助。

妈妈说：“伊伊，为什么非要让自己克服害怕呢？”

伊伊回答：“因为如果不害怕，我就可以跟大家一起玩了。”

妈妈却说：“害怕是大家都会有的正常情绪，如果你感到害怕，可以大方地告诉同学们，不用感到不好意思。”

“他们不会笑话我胆小吗？”伊伊问。

“害怕不代表你胆小。”妈妈继续说，“你害怕黑，有人害怕虫子，还有人害怕蛇，这是我们对不同情境的本能反应，并不是因为胆小。”

妈妈的话给了伊伊勇气，她这才明白过来，害怕黑并不等于懦弱。

“我明白了，但我还是想试试克服怕黑这件事。”伊伊说。

“如果你能克服怕黑的恐惧，当然很好。”妈妈又说，“但不管最后能不能克服，只要你愿意面对它、不逃避，这就是勇气。”

伊伊郑重地点点头，表示自己会努力克服。

害怕是人生来就有的情绪，它是我们天生的自我保护机制。当大脑感知到潜在的威胁，不论是真实存在还是主观想象的，都会触发身体和心理的连锁反应，帮助我们应对危险。

所以，正确看待害怕的情绪——你可以选择接受这种情绪，也可以锻炼自己去克服。不管怎样，都不要认为害怕是胆小懦弱的行为。

感悟小贴士

我们要，正确看待害怕情绪，如果这种情绪危害到自己的身心健康时，就要及时做出调整，避免不健康的情绪影响自己。

情景在线

你有害怕的事物吗？当你面对自己害怕的事物时，是选择逃避，还是充满勇气地去面对？你能用正确的心态看待这种情绪吗？有没有什么特别让自己害怕而无法克服的呢？

案例

莉莉很怕考试，一想到要考试心里就紧张不安，甚至会焦虑得睡不着。进了考场后，莉莉整个人都很慌，手心冒汗，心跳加速。她学着妈妈告诉她的方法，闭上眼睛，深呼吸，可还是没能好转。直到考试结束，走出考场后，莉莉才松了口气，可考试焦虑已经严重影响了她的发挥。明明平时掌握得很不错，就是一到考试就发挥失常，成绩也难以反映真实水平。为了克服害怕考试的心理，莉莉试了很多方法，但依然未能完全克服。你有好的方法帮助莉莉吗？

健康的身体是财富

身体是生命的容器，亦是灵魂的栖息地。从跃动的汗水到舌尖的滋味，健康的密码藏于每一寸筋骨、每一口呼吸之间。当运动成为习惯，当饮食化作敬畏，生命的活力便悄然绽放。本章将揭示健康与幸福的共生之道，唤醒你对身体的珍视——唯有以健康为舟，方能载动生命的万千可能。

生命在于运动

名 言

人体欲得劳动，但不当使极耳。——华佗

体育课上，同学们正在进行短跑测试。突然，一名同学晕倒在地。老师连忙把他送到医院，过了好一会儿，他才清醒过来。

医生对老师说："这名同学体质有点儿差，缺乏锻炼，体能下降，免疫力也有点儿低下。"

随行的同学听到医生的话，都有些后怕，因为很多同学也不爱运动。

"老师，不运动真的会影响身体健康吗？"果果不解地问。

"运动对身体的确很重要，尤其是你们还在长身体的时候，长期不运动可能影响骨骼发育。"医生严肃地说。

过了一会儿，晕倒的同学已经醒了，但仍浑身无力，大家扶着他回到教室，果果安慰他："没事，以后我们加强锻炼就好了。"

谁知这个同学却说："我不喜欢运动，太累了，我宁愿生病也不要运动。”

果果震惊了，虽然他也不爱运动，却不敢拿健康开玩笑。果果说：“你这样怎么行？刚才你都晕倒了，再不运动，身体可能会垮掉。”

“垮掉就垮掉。”他依旧不为所动，似乎对运动有很大的排斥。

果果只好把这件事告诉体育老师，希望老师能劝劝他。

体育老师公布体测成绩时，除了刚才晕倒没参加测试的同学，班里仅有少数同学得到优，大部分只得了良，还有几个未达标。

“同学们，你们的成绩不太理想，还是要加强锻炼啊！”体育老师说。

“反正体育成绩不算总分，有什么关系。”刚才晕倒的同学小

声说。

体育老师听了，严厉地说：“谁说体育不重要？就算不考试，你们也应该重视体育运动，要知道，**生命在于运动**。”

“可是我们每天都要花很多时间学习，没时间运动了啊。”有同学表达不满。

“就是，每天回家写完作业都很晚了，根本没时间运动。”果果也说道。

体育老师见大家都不把运动当回事，担忧地说：“同学们，身体是革命的本钱，如果没有好的身体，又怎么会有精力学习呢？”

见大家不说话，老师继续说：“其实每天只需少量运动：早起10分钟锻炼，上下学改为步行，吃完饭后散步，都是运动的有效方式。”

最后，体育老师更是一针见血地指出大家的问题：“你们所谓的没时间运动，很多是为懒找的借口罢了。”

体育老师说完，大家面面相觑，不敢再反驳。

运动可以改变懒惰的习惯，经常运动有助于提升活力，排解心中的忧郁情绪，让自己变得更健康阳光。

情景在线

其实，运动没有那么难。即使不能去专业的运动场地，也可以在小区跳绳、打篮球、打羽毛球、跑步等，也可以去游泳、爬山等。运动形式可以多样化，你还可以找身边的朋友一起运动，这样能起到互相督促的作用，提升积极性。

然然体质较弱，经常感冒，尤其是到了冬天，每次生病都要请一周的假。医生建议然然通过适量运动增强体质，从而降低患病率。但然然不爱运动，整天不是窝在家里就是躲在教室里。妈妈决定给然然报个羽毛球班，让他接受专业的训练，也能增加运动量。可然然去了两回就不想再去了，理由是教练太严了，每次上完课都感觉很累。妈妈没办法，只好用礼物来激励然然继续运动，但收效甚微。你们有办法可以帮助然然动起来吗？可以怎样做呢？

不可浪费食物

名言

人间有味是清欢。——苏轼《浣溪沙·细雨斜风作晓寒》

学校食堂里的饭菜每天都倒掉很多，因为很多同学挑食，有的不爱吃肉，有的不爱吃青菜，还有的不爱吃米饭。

为此，学校实施了用餐评分制度。哪个班级倒掉的饭菜最多，就要被扣分，严重的要取消优秀班级评选资格。

班主任在吃饭前严肃地对大家说："同学们，无论喜欢还是不喜欢的饭菜，都要适量打餐，避免浪费。"

听了班主任的话，大家开始认真对待。

到了吃饭时间，糖糖看着食堂里摆着的饭菜，没有她想吃的，她每样都取了一点儿，但也没什么胃口。

一旁吃得正香的果果看着糖糖没怎么动的饭菜问："糖糖，你怎么不吃啊？"

糖糖愁眉苦脸地说："我吃不下。"

果果往嘴里塞了一大口饭，疑惑地说："不会啊，我觉得挺

好吃的。”

“那你多吃点儿吧。”糖糖继续盯着盘子里的饭菜发愁。

“糖糖，你不会是挑食吧？”果果问出心中的疑惑。

糖糖怕被同学误会自己在故意浪费粮食，连忙解释：“当然不是，我只是不太饿。”

“不饿也快吃吧，不然我们班要成倒数第一了。”果果说着，又大口往嘴里塞了一口饭。糖糖勉强吃了几口，剩余的还是倒掉了。

吃完午饭，同学们忐忑地等着公布结果，都很想知道哪个班浪费得最少。

结果终于公布了，果果所在的班浪费最少，学校给班级加了50分。大家都很开心，**欢呼雀跃**起来。

班主任欣慰地对大家说：“同学们，这次活动，不仅是为了班级荣誉，更是希望你们能认真对待一餐一饭，不要浪费食物。”

大多数同学认真点头，只有糖糖羞愧地低下了头。

古人云：“**一粥一饭，当思来之不易**。”珍惜我们吃的每一餐饭，既是对美食的尊重，也是对自己的负责。合理饮食才能促进身体发育，保持健康，所以我们要认真对待每一餐。

我们要认真对待每一顿饭，仔细品尝美食，去感受食物的不同味道。不挑食，饮食均衡，让身体得到充分的营养。

情景在线

古时候食物匮乏，先辈十分珍视吃饭这件事，认为这是修身养性的重要环节。传统观念认为，面对美食既要心怀敬畏，也要懂得节制，这样才能有助于身心平衡。

一说到吃饭，锐锐就头疼，尤其是看到桌上摆着的胡萝卜、青菜，连筷子都不想动。妈妈说挑食会导致营养不良，但锐锐并不当回事，不仅不好好吃饭，还会偷偷吃各种零食和油炸食品。时间一长，锐锐的体质变差，身高也落后于同龄人。妈妈不得不带锐锐去医院检查。经过检查发现，锐锐由于长期营养不均衡，已经出现贫血等问题了。妈妈要求锐锐以后好好吃饭，不要再挑食。你们怎么看待挑食这件事呢？

生命里的意外

生命如行舟于暗夜之海，意外是未知的浪涛。但真正的智慧，并非预知风暴，而是学会在风雨中掌舵。从树梢跌落的疼痛到陌生拐角的警惕，每一场意外都在叩问：我们是否筑起了安全的藩篱？本章将带你直面风险的真相，以冷静与警觉为盾，以自救与互助为剑，在无常中守护生命。

要有安全意识

名言

居安思危。思则有备，有备无患。——《左传》

星期一上午，同学们都在教室里玩闹，只有果果坐在座位上，一脸不开心的样子。波波走过去问他怎么了。

果果唉声叹气道：“唉，我家小表弟爬树，从树上摔下来，骨折了。”

“啊？严重吗？”波波一听，担忧地问。

“还在医院呢，都不能上学了。”果果无奈地道。

“你小表弟可真调皮，平时一点儿安全意识都没有。”伊伊在一旁听见了，提醒果果说，“你该多给他讲讲安全常识，这次摔骨折，以后可能更严重。”

其实，表弟出事的时候妈妈就已经说过，表弟总是做一些危险的事，很少考虑安全问题。

“讲过很多次他也不听，而且都受伤成习惯了，这次骨折之前，手臂上的伤才刚好，我们家没人能管得住他。”果果一口气

吐槽完表弟平时的行为，感到又好气又心疼。

“看来，你表弟是不太在意自己的安全问题啊。”伊伊也觉得很无奈，遇上这样调皮的表弟，谁都会头疼吧。

“我觉得你表弟是没吃到大亏，要是真遇到严重的危险，他会长记性的。”波波一副很有经验的样子说。

“他还小呢，或许等长大一点儿就知道了。”果果为表弟辩解，心里也希望他长大一点儿会明白安全的重要。

“那可不一定，安全意识要从小培养，你看我妹妹就知道厨房里有危险，自己不能随便进。”波波并不认同果果的说法，小时候自己也经常受伤，所以更清楚培养安全意识的重要性。

“但现在怎么说他都不听，我们全家都不知道该怎么办了。”果果也清楚问题所在。

“不如问问老师吧，老师应该有办法。”伊伊见果果愁眉苦脸的样子，于是提议道。

果果一听，也觉得这是个好主意。

这时，班主任也正好走进教室，果果连忙上前把表弟的事说了一遍，说完，果果问老师：“怎么才能让他有安全意识呢？”

老师笑道：“你表弟正处于活泼好动的年龄，这种情况也是难免的。”

“难道就没办法改变他吗？”果果期待地问。

“你表弟还小，跟他讲道理，效果可能不大。但可以反复提醒他安全规则，当他想尝试危险行为时，可以具体说明后果是什么。”老师对果果说，其他同学也认真听着。

安全意识应该从小培养。学会判断危险，正确认识危险，才能更安全地探索世界。

感悟小贴士

我们要时刻绷紧安全弦，过马路遵守交通规则，远离危险物品，遇到问题及时求助，用行动守护自己的平安童年。

情景在线

生活中有太多意外，谁也不知道下一秒会发生什么，我们无法预知未来的事，但可以尽量远离危险，防止安全问题发生。

案例

学校劳动课安排同学们回家做一道菜，锻炼动手能力。莉莉回到家，兴致勃勃地动手做起来。妈妈本来打算在旁边指导，可莉莉觉得做饭也没有那么难，坚持要自己做。妈妈只好告诉莉莉，做饭虽然简单，但一定要注意安全。莉莉却没有把妈妈的话听进去，钻进厨房就开始准备切菜做饭。结果出师不利，莉莉不小心切到了手指，鲜血立刻流了出来，她疼得哭出声。妈妈赶紧给她消毒后仔细包扎。后来，莉莉再也不敢大意用刀了。你们有自己做饭的经历吗？是否也和莉莉一样？

遇到危险，懂得自救

名言

生存不是运气，而是技能。不学习它，就是对自己生命不负责任。

——贝尔·格里尔斯

新闻里正在播放国外发生地震的事，果果看着电视里的画面，不由地感叹："地震真是太可怕了。"

妈妈走过来，一脸凝重地说："是啊，人类在地震这样的自然灾害面前，显得太渺小了。"

"妈妈，要是遇到地震该怎么办啊？"果果有些担忧，虽然自己生活的城市没有发生过地震，可他曾听妈妈说别的城市发生过大地震。

妈妈觉得该给果果讲讲遇到自然灾害该如何自救了，于是说："如果遇到地震，千万要冷静，找到坚硬的物体做掩护，比如躲到卫生间、桌子底下。万一被掩埋，也不要放弃自救。"

果果听得很认真，他从小就很有安全意识，平时做事也谨慎。可以说，果果是班里最有安全意识的学生之一。

"我知道了妈妈，我会保护好自己的。"果果保证道。

果果说到做到。

这天放学，果果和几个同学刚走出校门，正巧看见几个人拿着宣传单走过来。

其他同学都**饶有兴趣**地接过来，发现是校外培训班广告。

果果却十分警惕，不仅不接宣传单，还拉着同学们离那几个人远远的。同学好奇地问果果：“你怎么了？”

“快走，别跟陌生人说话。”果果脚步加快，不停回头看。

“你也太小心了吧，他们只是发个传单而已。”同学见果果这样，忍不住笑道。

“防人之心不可无，小心总没错。”果果见那几人没有跟上来，才松了口气。

“果果说得对，我们小区前天有个孩子丢了，大人带着去超市，转眼就不见了。现在的坏人不会在脸上写着‘坏人’两个字。”另一个同学觉得果果做得对，有防范意识是应该的。

其他同学顿时紧张起来，讨论起如果自己被拐卖该怎么办。

有人说“报警”，还有人说“喊救命”……

只有果果说：“这些方法可能没用，如果被坏人拐走，可能没有机会喊救命，只能冷静自救。”

果果的话让大家很震惊，但又觉得有道理。

“你们想想看，我们作为孩子，有什么能力跟强壮的成年人对抗？”果果又补充道。

同学们陷入了沉思，觉得刚才的想法太天真，担心自己真遇到危险时能否自救。

遇到危险时，一定要先保持冷静，这是能够自救的关键。如果遇到危险时过于慌乱，可能会失去理智，错失最佳自救的机会。

要学习自救的方法，知道遇到危险时先保护身体的哪些部位，不同的危险场景自救方法也不同。平时也可以提前训练，比如发生火灾时该怎样自救。

情景在线

当你在生活中遇到危险时，会怎样自救呢？你知道生活中有哪些安全隐患吗？是否有不小心受伤的时候？当时如何处理的？

童童放学回到家，见厨房里正炖着汤，正好肚子饿了的她想也没想就伸手去揭锅盖。不料锅盖很烫，手被烫得发红，疼得她把锅盖丢到了地上。

妈妈听见声音来到厨房，看见童童正在用凉水冲洗手指。妈妈叮嘱童童以后要注意，要学会识别生活中的安全隐患，自己不清楚的要先询问大人。安全意识藏在每个小细节里，保护自己才能让爸爸妈妈少担心。

边界感让你远离风险

名言

强者通过划定自己的价值标准来定义存在，弱者则依附他人的边界。——尼采

波波最近和校外的一个青年走得很近，两人经常约着一起玩游戏。

果果见波波总是跟他玩，便提醒波波说："波波，老师不是说让我们少跟校外陌生人玩吗？"

波波不以为然地说："老师说的是如果有大的孩子欺负我们，才不要跟他们玩，那个人又没有欺负我。"

果果见波波不愿意听自己的劝告，也不再说什么。

结果这天，那个青年又来找波波，放学还带着他去走廊尽头谈话。等第二天到学校，果果发现波波的脸色不太好看。

"波波，要是昨天那个人找你做不好的事，你可千万别答应。"果果忍不住又提醒波波。

"没有，你想多了。"说完，波波不再理果果。

果果不知道，那个青年其实是在找波波借钱，因为波波无意间提到自己过年收到很多压岁钱，并且这些钱都是自己保管着。

虽然波波也不愿意借，但一想到对方说会把新买的游戏机借给自己玩，就答应了。

第二天放学，波波被那个青年带到学校外拐角处，两人偷偷进行了“交易”。结果波波刚把钱拿出来，对方就变了脸说：“不准告诉别人我找你借钱。”

波波这才知道，对方之所以跟自己玩，原来是为了找机会跟自己借钱，并且看样子，对方似乎也没有要还钱的意思。

波波赶紧把手收回来，把钱装回兜里说：“我不借你了。”

对方却威胁道：“你不借我，我就告诉你老师你带游戏机到学校。”这时，波波想起果果的话，转身朝旁边大喊：“老师，这里有人欺负我！”

波波一边喊，一边往老师办公室跑去，正巧班主任经过，立即赶过来询问原因。在老师办公室里，波波向老师说明了情况。

最后，老师对波波私自带游戏机来学校的行为进行了批评，也对那个威胁波波的校外青年做出了报警处理。

经过这件事后，老师特意在班里强调，**希望每个同学提高边界感，不要因为对方的示好就暴露自己的隐私**。比如，涉及私人的物品不要随意告诉他人，尤其是金钱方面的。此外，还要避免单独与不熟的人去人少的地方，这是空间边界。

感悟小贴士

安全像一道隐形的墙，守护着我们的小世界。有安全意识，就要知道哪些事不能做，哪些地方不能去，这既是保护自己，也是尊重世界的规则。

情景在线

你知道边界感是什么吗？生活中你是否注意到哪些边界感？你如何通过身体、声音、行为来处理与他人之间的边界感？有边界感并不是学会拒绝就够了，还有很多方面都应该注意。

案例

小雅和妈妈去逛街，路上遇到陌生人递过来一包纸巾，说是赠送的，加个微信就行。小雅想起老师教过的安全知识，拉着妈妈往后退了两步，又摆手拒绝，还大声地说："我们不要，谢谢。"见对方还想把纸巾塞过来，小雅拉着妈妈就往旁边的商场走去。

后来妈妈夸小雅机灵，因为很多人会拿着劣质纸巾来发放，借此加上好友后，就会盗取个人信息进行诈骗。小雅的拒绝避免了后续被骗的可能，保护了自己。你们觉得小雅哪里做得最好？

人生要向上

人生是攀向星辰的阶梯，每一步都需仰望与躬行。梦想是暗夜的灯塔，创新是破茧的羽翼，而勤奋则是脚下的磐石。当懒惰的藤蔓缠住脚步，当守旧的迷雾遮蔽前路，唯有向上的信念能刺破阴霾。本章将点燃追梦的炬火，邀你以热爱为帆、以坚持为桨，在人生的长河中逆流而上，书写属于自己的璀璨篇章。

梦想能照亮未来

名 言

老骥伏枥，志在千里；烈士暮年，壮心不已。——曹操

果果一直有个科学家梦，希望成为航天科学家，梦想有一天能穿上航天服，去太空漫步。

这天，妈妈带果果去参观航天科技馆。在那里，果果看见航天员从太空发回来的视频，背景是**一望无垠**的宇宙，他被深深吸引，久久不肯离去。

“果果，你也想以后能登上太空吗？”妈妈问。

“嗯，我以后要当科学家，也要去太空看星星。”果果一脸向往。

妈妈微笑地看着果果，鼓励他：“航天科学家需要过硬的身体素质和扎实的知识，你要从现在就开始好好努力。”

果果认真地点点头。

离开科技馆时，果果拿出零花钱买了一本天文书籍，回到家后便**求知若渴**地读起来。

爸爸发现果果对航天科学的热爱，悄悄计划在他生日这天送给他一个惊喜。不过，他想先观察果果是否能**持之以恒**，而不是三分钟热度。

没想到，果果变了。

他每天坚持跑步、跳绳，体育课也不再偷懒，动作也比以前更标准了。不仅如此，他对待学习也更认真了。

以前，果果偶尔考差了从不当回事，但现在，只要没考到理想的成绩，他会仔细订正错题，还主动问老师。

就这样，他的成绩稳步提升。

同桌见果果每天**斗志高昂**，还把航天员的照片贴在文具盒里，忍不住调侃："你这小身板，能当航天员？"

果果皱了皱眉头，说："我为什么不能？"

说完，他不再理会同桌，专心地准备学校科技节的作品。学校每年都要举办科技节，今年，果果用废旧的材料制作了一个"太空站"模型，竟获得了一等奖。

老师颁奖时对果果说："**你的梦想很了不起，希望你一直坚持，继续加油**！"

这张奖状被果果挂在自己书桌的墙上，只要一抬头，就感觉离梦想又近了一步。

他知道要抓紧时间好好学习，只有这样才不会辜负自己的梦想。

而夜空中那些闪耀的星星，就像梦想的光芒一直照亮着他前进的路。

当你拥有梦想，前路便不会再迷茫。因为前行的路有了方向，会指引着你一直向前，朝着自己想要的未来奔赴。

梦想是夜空中闪亮的星，照亮前行的路。哪怕只是想成为会画画的小画家、能讲童话的故事家，只要握紧画笔不停勾勒、张开嘴巴反复练习，每一份努力都在让未来发光。

情景在线

梦想对每个人都很重要，因为它能指引你的未来。再大的梦想，也可以一步步地来行动。不要害怕失败，遇到困难也不要放弃，只要每天进步一点点，坚持下去，时间一定会给你答案。

琳琳喜欢画画，她梦想长大后成为一名画家。尽管她现在画得并不出色，甚至被老师评价“不够好”，同学们也说她“画得不像”。但琳琳并没有灰心，每天都会抽时间画一会儿，美术课上也主动请教美术老师。经过一段时间的努力，琳琳的作品在学校绘画比赛中获得了三等奖。琳琳并没有为此骄傲，而是继续坚持画画，并对自己说：“只要每天进步一点儿，我一定能画出更好的作品，成为真正的画家。”你认为琳琳能实现梦想吗？

懒惰会毁掉一切

名 言

懒惰是贫穷的制造厂。

——本杰明·富兰克林

班里有个很喜欢偷懒的同学，不管是班里大扫除还是其他集体活动，他只要能偷懒就会躲到一边去，等大家干得差不多了才回来装模作样地收拾一下。

同学们都清楚他的习惯，叫他“懒懒”。每次老师让大家分组做事，总是没人愿意跟他一组。

这天，老师刚布置完背诵课文的任务，他又想找借口偷懒，对果果说：“果果，你帮我背一下，我去上个厕所，马上回来。”

果果立刻不乐意了，说：“我怎么帮你啊，老师让我们每个人单独背诵课文，难道我还能代替你吗？”

同学们都大笑起来，他也感到不好意思起来。

不过，他并没有认真准备。等到班里其他同学都过关后，他假装肚子痛，跑去跟老师请假。

老师早就看穿了他的把戏，严肃地说：“这是考核你们平时的学习情况，你这也想偷懒吗？”

“不是，我真的肚子痛。”他捂着肚子，连忙解释。

“行吧，那等你肚子不痛再来找我背吧。”老师让他先回教室休息。

回到教室，果果便凑上来问：“怎么样？老师同意你不用背了？”

“懒懒”同学**垂头丧气**地说：“老师让我肚子不痛的时候再去。”

“我就说你偷不了懒吧！”果果笑着说。

“哼，背就背，我才不怕呢。”说完，他拿起书开始认真背诵起来。

可由于之前落下的知识太多了，背诵的时候又经常偷懒，他背得**磕**

磕绊绊，被老师要求回来重新背诵。

因为被老师批评了好几次，“懒懒”同学也不敢偷懒了，被退回三次后终于过关。

上课时，老师借这件事教育同学们说：“同学们，老师知道你们有时候都偷懒，能不学就不认真学，可是最终吃亏的是自己。即使你们学习没有其他同学好，只要努力都有机会追上；但如果习惯偷懒，再有天赋也会落后。”

“所以，**不要让懒惰毁掉你们的未来，只有勤奋的人才能获得一切**。”

其实，人生没有“不会做”，只有“不想做”。懒惰会让聪明的人沦为平庸，也能让普通人失去超越的机会。真正的厉害，在于**坚持不懈**，不错过每一次学习的机会。

感悟小贴士

只要肯努力，不偷懒，哪怕是小小的种子也能冲破泥土长出新芽。背不会的单词多念三遍，算不出的算术多画草图，记住，你的每滴汗水都在给未来铺路。

情景在线

生活中，并不是所有的人都是很有天赋的，但只要肯努力，总能创造属于自己的未来。懒惰等于自我放弃，贪图暂时的快乐，未来却有无尽的遗憾等着我们。

明明是班里的“数学天才”，从小数学成绩就很好，老师讲的课他一听就懂，每次考试哪怕不复习也能得高分。在班里，许多很努力的同学都赶不上他。

渐渐地，明明开始骄傲，认为自己数学成绩好，不用努力也能考好，便不再用心听讲，其他同学复习时，他宁愿睡觉也不看书。有同学提醒他，还是要认真学，否则成绩会受影响的。明明却并不当回事，反正他很聪明，不努力学习又怎样。结果到了期末，明明的数学竟然考了有史以来最低分，只得了70分。你们觉得明明该怎么做才能提升成绩呢？

积极创新，能量饱满

名 言

如果你没经历过失败，说明你的创新还不够大胆。

——乔布斯

人工智能的不断完善，使得越来越多的人依赖这些智能科技。

果果家也不例外，妈妈买回了智能扫地机、洗碗机、语音窗帘等产品，她再也不用费力地扫地、洗碗了，不仅节省时间，还能省去很多烦恼。

可奶奶却反对，认为这些机器未必有人打扫得干净，还觉得它们费电费水，不如人工更省时省钱。

果果对奶奶说："奶奶，您别总守着旧观念了，现在都是智能化时代，您要学会享受生活。"

奶奶却不理解："我都干了一辈子家务了，难道还不如几个机器人吗？而且洗碗、扫地就那么点儿活，顺手就做了，能有多累？"

爸爸妈妈都知道奶奶节省了一辈子，不舍得花钱享受，也不好劝说什么。所以家里买回来的扫地机和洗碗机都被闲置了。

果果在学校听过老师讲国家科技的发展趋势，他知道未来的科技只会越来越发达，人工智甚至能可能取代部分劳动力。

但果果也不知该怎么说服奶奶。正当他**愁眉不展**时，糖糖走了过来。

“怎么了果果，有什么烦心事？”糖糖问果果。

果果把奶奶不肯用这些科技产品的事情说了一遍，最后他无奈地叹气：“唉，老人有时候真难沟通，太不容易接受新事物了。”

糖糖却说：“话不能这么说，我们也会有老的那天，以后科技会越来越发达，我们老了以后说不定也会用不惯那些新的发明。”

“那该怎么办啊？难道就任由奶奶自己做吗？她年龄也大了，万一摔倒……”果果越说越觉得担忧。

“这好办啊，老人不用是因为他们不了解，你耐心教她，让奶奶体验到科技的便利，等她用习惯了，说不定以后自己都不想做家务了呢。”糖糖说。

“对啊！这真是个好主意。”果果一听，激动地说。

回到家，果果就开始教奶奶用这些家用电器。他耐心讲解，并且手把手教奶奶操作。当奶奶看到扫地机把家里打扫得干干净净时，**不可思议**地问：“这玩意儿还真行，比我打扫得还干净。”

“那当然，这些都是科技进步的成果。”果果一脸得意地说。

“真是不错，那以后奶奶就用它扫地了。”奶奶笑呵呵地说。

“这就对了，奶奶，您不是说活到老学到老吗？虽然您年纪大了，但要学会接受新事物啊。”果果像个小大人似的对奶奶说。

一家人都哈哈大笑起来。

人类一直在创新和进步，我们也要学会接受新事物。不仅如此，**还要有积极创新的能力，这样才能让自己更有活力，更好地适应未来社会的发展**。

感悟小贴士

人应该充满好奇心，不断探索和学会接受新的事物，墨守成规只会束缚我们的思想，保持好奇的眼睛，勇敢去尝试，拥抱新变化，每天都有新发现，世界因你更精彩！

情景在线

每个人都可以成为创造者，我们一旦有想法和灵感时，就可以努力去尝试。不要过分在意结果如何，要有勇于尝试的决心，不要害怕失败，也不要轻易放弃。你是否能做到去大胆创新呢？

美美发现老师讲完题后，总会要求大家把错题重新做一遍。可她写完后，发现遇到同样的题时还是不会做，她觉得光是抄写错题是不够的，得想个办法让自己能牢记错题，下次遇到同类型的题可以快速记起来。

想到这儿，美美开始试着找题型中的关键点，并把这些关键的地方用几个字或一句话标注，这样一来，她只需要记住关键点就行了，不需要再记题就能快速想起解题的方法。

第九章

知道什么是幸福

幸福是晨露浸润的草叶，是掌心紧握的星光。它不藏于远方的风景，而栖于生活的褶皱之间。当攀比的喧嚣褪去，当物质的追逐停歇，幸福便悄然浮现——是门卫爷爷的微笑，是糖醋排骨的香气，是日记里琐碎的暖意。本章将带你重新定义幸福，以感恩为镜、以知足为尺，在平凡中发现不灭的诗意与永恒的爱。

幸福藏在生活的细节里

名言

幸福不是目的，而是旅途中收集的露珠。——泰戈尔

暑假结束，班里的同学都在讨论自己假期去了哪里，大家聊得**兴致勃勃**，还有不少同学发出惊呼。

其中有两位同学的暑假生活非常丰富，一位同学说自己去了上海、香港、澳门，另一位同学说自己去了国外。

而有的同学整个暑假都在上补习班，也有的同学一直待在家里，哪里也没去。

这强烈的对比，连伊伊也感到有些失落。因为这个暑假伊伊哪里也没去，整个暑假不是被妈妈送到爷爷奶奶家，就是跟着爸爸妈妈去公司上班，自己还得乖乖写作业，不能打扰他们工作。

“伊伊，你都去哪儿玩了？”一个同学问。

“我……”伊伊突然被问话，一时不知怎样回答，只好含糊地说，“我都忙着复习功课，没去什么地方。”

说完，伊伊转身问身边的果果：“果果，你都去哪儿玩了呀？”

“我去了北京……”果果也开始得意地说起自己的暑假生活，毕竟这个暑假他跟着爸爸妈妈去了不少地方。

这下，伊伊更加失落了。

她羡慕地听着同学们的聊天，心里很是向往。尤其是当同学展示着他们买回来的旅游纪念品，聊起旅游时碰到的有趣事情，都让她非常羡慕。

放学回到家，伊伊终于忍不住对妈妈说：“妈妈，等放假了你和爸爸可以带我去玩吗？”

妈妈正忙着在厨房做饭，头也没回地说：“到时候再看吧，如果有时间就带你去。”

“你们都说过多少回了，可每次到最后都说没时间，你们可能根本就没打算带我去玩。”伊伊突然伤心地大哭起来，朝妈妈喊道。

妈妈被伊伊的哭喊声吓到，赶紧出来问伊伊怎么了。

伊伊说：“别人暑假生活都很丰富，只有我天天在家里，不是写作业就是看书，我也想去玩，我也想有爸爸妈妈陪我一起去旅游。”

听伊伊这样说，妈妈心里一阵愧疚。由于工作忙，她的确没时间陪伊伊出去玩，可她也尽量花时间陪伊伊，想让她过得幸福。

“对不起，伊伊，是爸爸妈妈的错，但现在爸爸妈妈努力工作，也是想给你更好的生活啊。”妈妈解释道。

“我一点儿也不幸福。”伊伊生气地说，“同学们都有爸爸妈妈陪，他们去过的地方我都没去过，他们才是幸福的。”

“伊伊，你真的觉得自己不幸福吗？”妈妈知道伊伊是在羡慕同学们，继续说，“没能带你去看世界，妈妈感到很抱歉，但你好好想想，生活中爸爸妈妈有没有亏欠过你，有没有缺少过你什么？”

“可是……”伊伊还想说什么。

“伊伊，**幸福不是用物质来衡量的，它藏在生活的细节里**，如果你真的用心感受，应该明白爸爸妈妈对你的爱从来都不少。”妈妈说道。

伊伊低下头，认真地回忆着。

世界很大，但我们所能拥有的太少。**真正的幸福不一定是拥有全世界，而是生活里最细小的东西，它藏着满满的爱，值得我们珍藏**。

感悟小贴士

生活中有很多小事容易被我们忽视，比如好朋友记得自己最喜欢的口味、陌生人的善意、下雨天刚好包里有妈妈准备的雨伞等等。这些不起眼的小事，其实更能使我们快乐。

情景在线

其实幸福就在我们身边，关键是我们要有感知幸福的能力，去收集幸福，发现那些被忽略的小事，还可以把幸福存起来，永远保留在美好的记忆里。

珠珠最近总是爱叹气，她觉得自己的生活实在太无聊了，每天不是上学就是回家写作业，感觉每天都在重复同样的生活。妈妈对珠珠说，要去发现生活中的美好。珠珠决定把每天的生活写进日记里，等到一个月后翻开日记时，她发现其实每天都有很多有趣的事情。珠珠也终于相信，原来生活中真的藏着很多美好的事情。你们觉得珠珠为什么能发现生活里的美好？说说自己的看法。

不攀比，做好自己最重要

名言

不要用别人的尺子，丈量自己的人生。——谚语

班里转来一名新同学，成绩很优异，他的到来，使全班都开始有了紧迫感和危机感。不管新同学做什么，大家都会紧盯着他，生怕他在老师面前出了风头。

校园运动会要开始了，新同学被体育老师推举参加了好几个项目，而这些项目以前是果果和波波的。

波波有些不服气，对果果说："老师好像太偏心了，这些项目明明之前都是让我俩参加比赛的。"

果果虽然心里也有些失落，但没有波波那么情绪激动，他说："没关系，新同学能为班级争光也是一样的。"

"不行，我才不要被比下去。"波波气呼呼地走了。

过了一会儿，波波又高兴地回来说："我找老师报名了铅球比赛，我就不信我会输。"

果果有些担忧地问："可是你之前从来没有参加过这个项目，

能行吗？”

“怎么不行？我肯定可以！”波波一脸不服气，扭头走开了。

运动会这天，同学们都紧张地等待着比赛结果。果果陪着波波，在旁边加油。波波看这么多同学都看着自己，心里有些得意，而新同学那边围观的人似乎不多。

“波波加油！”果果带头喊了一声。

其他同学也跟着喊“加油”，一时间，波波的斗志也被点燃了。

然而，当所有人都期待着波波能投出好成绩时，他却出现了失误，铅球刚投出去就掉到地上。

同学们开始**窃窃私语**，波波也为自己的失误而懊恼。

看着他垂头丧气地走到人群中，果果连忙上前安慰：“没事儿，波波，你已经很努力了。”

波波原本郁闷的心情更糟了，他认为果果是在故意嘲讽自己，干脆头也不回地走了。

运动会结束，波波看见新同学拿了好几个奖，心里越发不平衡起来。果果想安慰他，可看他这副样子，也不好再多说什么。

老师也看出波波心情不好，便开导他：“波波，偶尔的失误没什么，不要太自责。”

“可是，我不甘心，新同学样样都优秀，我太差劲儿了。”波波一脸沮丧。

“谁说的，你也很好，有自己的优点，为什么一定要跟新同学比呢？”老师安慰道。

“可你们都喜欢新同学，这次他又拿了奖，大家肯定都会嘲笑我的。”波波心里还是耿耿于怀。

“波波，**不要总是和别人攀比，每个人都有自己擅长的东西，做好你自己擅长的事，在自己的世界发光，比在别人的世界碰壁更重要**。”老师拍拍波波的肩，希望他能明白过来。

感悟小贴士

不要总和别人比较，别人有的玩具你不一定需要，你擅长的画画别人可能也不会。多看看自己拥有的东西，发现自己的优点，你会更自信快乐！

情景在线

攀比是极其不值得做的事，永远盯着别人拥有的，却忽视自己手里紧握的珍宝，只会给自己制造焦虑，浪费属于自己的快乐。

例

班里有同学穿了一双几千块钱的名牌鞋，大家都表示羡慕。朋朋也认识那个牌子的鞋子，他知道价格很贵，普通家庭根本不会买来日常穿着。可朋朋也想被同学投来羡慕的目光，希望大家都能关注自己，回到家后就找妈妈要鞋子。

妈妈说学生没必要穿太贵的鞋子，拒绝了朋朋。朋朋觉得没面子，把自己关在房里生闷气。你觉得朋朋需要买这么贵的鞋子吗？为什么？

这样做，幸福指数翻倍

名 言

幸福，显然一部分靠外界的环境，一部分靠一个人自己。 ——罗素

放学后，果果和妈妈一起回到小区门外。

门卫大爷笑呵呵地替他们打开门，妈妈笑着回应：“谢谢啊，大爷。”果果也学着妈妈说：“谢谢爷爷。”

门卫大爷回道：“不客气，这孩子真有礼貌。”

果果被夸奖，心里很高兴。

回到家，妈妈去厨房做饭，果果放下书包去帮忙。妈妈有些意外，问：“怎么今天这么主动？作业写完了吗？”

“等会儿再写，老师说了，要多帮爸爸妈妈做事。”果果一边帮妈妈摘菜，一边说。

“那谢谢你啦，妈妈今天做你最爱吃的糖醋排骨。”妈妈笑着说。

“妈妈，我真是太幸福了。”果果嘴甜地说。

“妈妈也觉得很幸福。”妈妈笑着说。

“你不会觉得……我有时候很不听话吗？”果果想到自己以前不听话的时候，忍不住问妈妈。

妈妈想了想说：“的确有生气的时候。不过你小时候会在妈妈生气时过来要抱抱……有一回，你打碎了杯子，自己偷偷拿扫帚打扫，扫帚比你人还高……”

“嘿嘿，我小时候也挺机灵的嘛！”果果听了妈妈的话，觉得自己好像也没有那么不乖。

“是啊，回想一下，你带给妈妈的快乐，其实比生气更多。”

“那你后悔生我吗？”果果想到班上有个同学，他父母总说后悔生了他……

“当然不后悔！你是我们期待好久的孩子，是我的宝贝！”妈妈以为果果误会了什么，急忙说道。

“哦，可是我们班有个同学就被父母嫌弃，觉得自己很多余……”果果声音有些低落，替那个同学难过。

妈妈耐心对果果说：“果果，那你可以多帮助这个同学，把你的幸福分享给他。”

“分享？”果果感到不解。

“对，分享。”妈妈笑着说，“其实幸福是可以传递的，你看今天下午我们回家，门卫大爷笑着帮我们开门，还夸你懂事，你是不是感到很开心，这就是幸福传递啊。”

“我明白了。”果果明白过来，“**分享幸福，幸福就会加倍**。”

生命的真谛不在于追逐外在成就，而在于浇灌感知爱和美的能力。幸福就是这种能力的延续，让我们在平凡中发现美好。

感悟小贴士

幸福不在于自己拥有多少，而是懂得欣赏自己所拥有的，简单的生活里也能看见美好。做个内心充满幸福的人，会更热爱生命，过好每一天。

情景在线

想要让幸福指数更高，有很多事可以做到。比如，去感受身边的快乐，多关注开心的事，少在意烦恼，还可以帮助他人，善意会带给你更多快乐。

馨馨是个热心的人，她经常帮同学做事，只要同学遇到困难，她总是第一个冲上去。每当别人笑着对她说“谢谢”时，她心里总是暖暖的。而且馨馨也喜欢分享，自己有了什么好东西都愿意分享给朋友。妈妈忍不住问馨馨：“你是自己愿意分享，还是为了讨好别人去分享？”馨馨回答：“我自己愿意，没有勉强自己。”在馨馨看来，分享自己的快乐给别人，自己的快乐就会加倍，所以她喜欢分享。你有什么可以让幸福指数增加的方法吗？

后记

合上这本书时，希望你的心中已悄然种下一颗种子——关于如何面对生命中的大是大非，如何在纷繁的世界里守住本心，又如何用真诚与勇气书写属于自己的故事。

书中的每一个章节，都像一面镜子，映照出我们成长路上遇到的困惑与选择：从与家人的摩擦到和解，从自律的挣扎到蜕变，从对健康的漠视到珍视……这些看似平凡的故事，实则是生命最真实的底色。我们或许都曾是果果、糖糖或波波，在跌跌撞撞中学会理解、包容与坚持。

“大是大非”从不局限于宏大的命题，它藏在生活的细碎处——是一句脱口而出的“对不起”，是与朋友争执后依然伸出的手，是面对诱惑时的自我克制，是跌倒后咬牙站起的瞬间。这些选择或许微小，却串联起我们生命的重量与温度。

书中的名言与感悟，是前人的智慧，也是跨越时空的叮咛。它们提醒我们：真正的成长，不仅是知识的积累，更是心灵的觉醒。愿你能在与他人的相处中学会感恩，在独处时懂得自省；在顺境中保持谦逊，在逆境中坚守希望；在追逐梦想时不忘脚踏实地，在享受幸福时心怀敬畏。

生活没有标准答案，但每一次真诚的选择都会让脚下的路更加清晰。若你读完此书后，能在矛盾时多一分冷静，在迷茫时多一分坚定，在浮躁时多一分沉淀，在孤独时多一分温暖，便是此书最大的意义。

最后，愿你永远记得：生命的长河奔流不息，而真正的“大是大非”，终将指引我们成为温柔且有力量的人。